奇趣香港史探案 05

當代時期

周蜜蜜 著

中華書局

奇趣香港偵探團登場

還興建了不少
世界矚目的
大型建設。

想知道當代香港
還有甚麼發展?
請繼續看下去啊!

目錄

香港古今奇案問答信箱

圖說香港大事

偵探案件1

古老公屋之謎

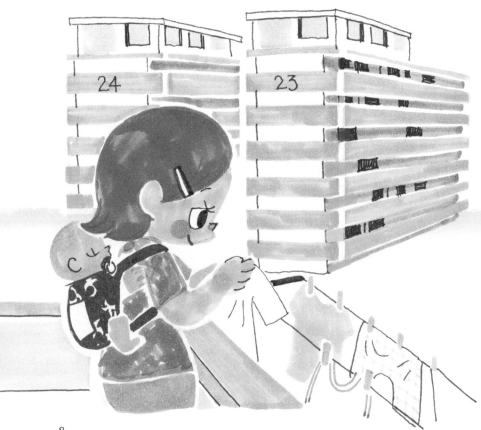

這天晚上，華偉忠爺爺、華港傑和華港秀一家人剛剛吃完飯，馬冬東就找上門來，手中拿着一封信。

　　「嘿，馬冬東，今天老師給了那麼多的功課，你不在家好好做，走來做乜東東呢？」

　　華港傑問。

　　「當然是有好事情啦！」

　　馬冬東故弄玄虛地眨眨眼睛，説。

　　「有乜東東好事情，快快宣佈呀！」

　　華港秀迫不及待地跳起來，就要去爭奪馬冬東手上的信封。

　　「慢着！別亂來！這封請柬要交付的人不是你，是華爺爺！」

　　馬冬東煞有介事地説。

　　「請柬？甚麼請柬？」

華港傑急忙問。

馬冬東一轉身把信交給華爺爺説：

「這是我公公吩咐送給您的。」

華爺爺接過信封，從中取出一張印刷精美的請柬來，看了看説：

「嗯，星期六在石硤尾的賽馬會創意藝術中心，有名為『香港製造』歷史圖片展覽開幕，不錯呀！謝謝明啟思教授的好介紹！」

馬冬東説：「我公公也説是很好的事情，那時我會跟公公去參觀這個展覽，如果你們有興趣，也請一起去！」

華港秀即刻搶着回答：「當然有興趣，大大的興趣！爺爺，我們也一齊去吧。」

爺爺笑一笑，説：「好吧，我很久也沒

有去石硤尾了，聽說那裏活化了最早期的公屋，這次去的話，可以順道看一看。」

　　華港秀問：「甚麼是公屋呢？」

　　華港傑說：「我知道，就是香港政府為收入低的居民建的公共房屋，租金比較廉宜。」

　　馬冬東說：「這個我也知道，不過，聽說石硤尾還保留了第一代的公屋，我就未進去過。」

　　華爺爺說：「這個週末，你們早些做好功課，就可以去看看了。」

　　到了週末，按照預先的約定，明啟思教授和馬冬東、華偉忠爺爺、華港傑、華港秀，一同乘上地鐵，前往石硤尾。

　　出了地鐵站，他們就看見一排又一排的樓房，樓層並不高，差不多都是一式一樣。

馬冬東問：

「公公，這些就是公屋嗎？」

明啟思教授點點頭說：「是香港比較早期建的公屋。」

華港秀問：「石硤尾這裏為甚麼會有這麼多公屋呢？」

華爺爺說：「講來話長，要從香港的戰後時期說起。」

華港傑說：「我很想聽聽，再告訴其他《香港古今奇案問答信箱》的讀者，好嗎？」

華爺爺說：「呵，傑仔，你真會抓緊時機，不忘為你的信箱專欄搜集資料！這也是好的，温故知新嘛。要知道，在日本軍隊侵佔香港時期，幾乎有過半數的香港人口逃回中國。到戰爭結束之後，人口又急

速回流。1947 年發生國共內戰,使更多的難民由中國內地湧入香港,令全港人口增加到 160 多萬。而到了 1950 年,香港的人口就增加至 230 多萬。」

馬冬東伸伸舌頭,說:「哇!這麼快!這麼多!」

明教授說:「是啊,人口一多,居住的問題就很大!突然增多的新移民,兩手空空,只是用一些木板和鐵皮,自製簡陋的棲身之所,港、九地區,到處可見這樣的木屋區,全香港約有八分之一的人住在那裏面。」

馬冬東說:「那樣的木屋很難住吧?能不能遮風擋雨呢?」

華爺爺說:「可以想像得到,那些木屋

的居住環境很差，而且很危險。尤其是在風乾物燥的天氣，很容易引起火災。在青山道和東頭邨的木屋區都發生了焚燒過千間木屋的火災，但最嚴重的一次，還是**石硤尾**這裏發生的火災。」

華港秀一驚，説：「吓？這裏曾經有嚴重火災？是不是很可怕呢？」

明教授説：「那一次的確是災情慘重！就在 1953 年 12 月聖誕平安夜，原本是普天同慶的日子，大約是在晚上九點半左右，有人在白田邨眾安道的木屋內燃點火水燈，不小心燒着了棉胎，引起火警，由於當時正刮起北風，火勢迅速蔓延，消防

車趕到，也難以撲滅。」

馬冬東叫道：「這麼可怕，損毀程度難以想像呀。」

華爺爺說：「當時整條白田邨，不管是木造的還是石造的房屋，通通被燒成灰燼。火場面積大約相等於 17 個香港大球場草地。」

華港傑說：「真嚴重！一共有多少房屋被燒毀？幾多居民受影響呢？」

明教授說：「根據當時的統計，大火燒毀房屋約 2580 間，災民人數高達接近 5 萬多人。這一帶都成為廢墟，慘不忍睹。」

華港秀着急地問：「那怎麼辦啊？」

華爺爺說：「全香港的市民，不分界別，紛紛籌錢救災，有錢出錢，有力出

力。同時也打破了政府一貫不干預的政策，立即把部分災場清理平整，興建兩層樓高的平房來安置災民。」

明教授說：「這也可以說是香港政府公共房屋政策的轉折點。為了解決災民的長遠住屋問題，1954 年年底，建成了八幢六層高的大廈，大型的公營房屋發展計劃，就在石硤尾這裏揭幕。隨後的 8 年內，又有 21 座七層高的大廈落成。與此同時，在香港、九龍和新界都有計劃地建設和改良更多的公共屋邨。」

華港傑說：「原來是這樣，一定要讓同學們知道這些歷史。我會好好了解，好好地寫。」

華爺爺說：「香港有許多名人、明星，都是在這些香港屋邨裏成長的。不過，隨着時代的發展，許多舊型的公屋已經翻新改建，也有的是活化成其他的用途。不過等一會兒我們要去的**賽馬會創意藝術中心**，前身是建於上世紀 70 年代的舊式工廠大廈。」

馬冬東說：「那我們還可以看到舊屋邨的真面貌嗎？」

明教授說：「可以啊，在石硤尾這裏附近，有一座『**美荷樓**』，是在 1954 年興建的第一型公屋，也是碩果僅存的『H』型六層徙置大廈。已經被古物咨詢委員會列為歷史建築，活化為公屋博物館以及青年旅舍，我們看完攝影展覽以後，也可以走去

參觀！」

　　「太好了！」馬冬東、華港傑、華港秀
齊聲説。

香港
古今奇案
問答信箱

第1期

華港傑 主持

奇案1

香港於哪年全面禁止鴉片？

原來直到二戰以後，香港才完全禁止鴉片。1842 年香港因為鴉片戰爭而割讓給英國，之後，鴉片仍可在香港市面流通，買賣或吸食鴉片並不犯法。

到了 20 世紀初，英國政府要求香港全面禁止鴉片，但遭到香港方面的反對，於是允許癮君子從官方指定的銷售點購買鴉片，並限制在自己的私人住所吸食。

直至到了第二次大戰以後，香港終於正式全面禁止鴉片。

奇案2 舊時香港是沿用清代婚禮習俗嗎？

　　在 1971 年以後，香港的婚姻制度才正式實行一夫一妻制。香港在開埠的時候，沿用市民習慣了的清代法律，換言之，當時人們仍然可以納妾。

　　直至 1969 年，香港政府刊登憲報，公佈「一夫一妻制」婚姻法案，1971 年 10 月 7 日正式開始實施《修訂婚姻制度條例》，在此之後的中國式婚姻：包括舊式、新式以及納妾等婚姻形式全部被廢止。

你能根據本章提供的線索，畫出舊時屋邨的特點嗎？

大明星傳奇

中秋節到了。

晚上，華爺爺一家和明教授家人，帶上花燈、月餅和水果，到屋苑的公園裏去賞月。

望着夜空中皎潔的月亮，華港秀嗲聲嗲氣地唱起來：

「落花滿天蔽月光……」

馬冬東說：

「哎呀呀，你唱乜東東啊？」

華港秀白了他一眼，說：

「你連這也不懂，枉為香港人了！是粵劇《帝女花》的唱段啦！」

明教授驚喜地說：

「秀秀，你年紀小小，也對傳統粵劇藝術有興趣嗎？」

華港秀説：「是啊，我們學校請了**粵劇**演員來演講或表演，我一下就着迷了，還參加了粵劇興趣班呢。」

華港傑説：「就是這樣，她現在一天到晚伊伊呀呀的唱不停口，笑壞人！」

華港秀紅着臉打了華港傑一下：

「別笑人嘛，我知道現在唱得不好，一定會再認真學習的。」

大家都笑起來了。

華爺爺説：「粵劇是香港很有特色的傳統戲曲藝術，我們都很喜歡。特別是早些年，看大戲，看粵劇，是香港人主要的娛樂節目。」

明教授説：「對啊，早在 19 世紀末，就有一部分粵劇的藝人從廣州來香港謀

24

生，出現了所謂的省港大戲班，活躍於香港、澳門和廣州的戲院，令香港粵劇藝術迅速發展，名伶輩出，包括**薛覺先**、**馬師曾**等等。1953 年還成立了八和會館，粵劇藝術在香港大放異彩。」

華港傑説：「我也聽過八和會館的名字，原來有這麼長的歷史！還記得看過一部電影叫做《虎度門》，也是和粵劇有關的。」

馬冬東説：「虎度門指的是乜東東？為甚麼不叫做馬度門或牛度門的？」

明教授説：「傻孩子，虎度門是粵劇舞

台的術語，意思是指演員出場前的台口，一出虎度門，演員就要忘記原來的自己，完全投入戲中的角色去。那部電影反映出粵劇演員面對的種種挑戰，令觀眾深受感動，也能加深對粵劇的認識。」

馬冬東抓抓頭說：「原來如此！有機會我也想看看。」

華爺爺說：「我們既看粵劇，也愛看粵語長片的。」

華港秀好奇地問：「甚麼是**粵語長片**？」

明教授說：「那是指 20 世紀大約由 40 至 70 年代製作的廣東話長篇電影。大部分都是黑白的，後來小部分有彩色。劇情內容主要是反映當時低下層市民生活的境況，所以很受平民百姓的歡迎，給香港帶

來**東方荷里活**的美譽。」

華爺爺說：「就是呀，許多粵語長片的明星，比如謝賢、蕭芳芳、陳寶珠、馮寶寶、曾江、胡楓等等，那時候就已經走紅了，其中有的至今還活躍在香港娛樂圈。也有的粵劇藝人，像任劍輝，白雪仙，既做大戲，又拍電影，都深受觀眾的喜愛。」

華港傑問：「以前香港人沒有電視看的時候，除了看大戲和電影之外，還有甚麼娛樂節目呢？」

明教授說：「那時候，有不少人也會聽收音機播放的電台廣播節目，尤其是和粵語長片關係密切的廣播劇集，所謂天空小說之類的直播節目。」

馬冬東兩眼一亮，笑嘻嘻地說：「天空

小説？這個名字真好聽！究竟説些乜東東的呢？」

明教授説：「就是反映當時社會民情的廣播劇故事，既淺白又寫實，曾經很流行。」

華爺爺説：「主持這個節目的人事先並沒有寫好的劇本，都是即興創作。由於戰後的香港和廣州社會混亂，經濟困難，故事就以這樣的背景展開，一人分飾多個角色，進行旁述兼且演繹幾種角色的聲音。劇中人訴説出生活的艱難和打動人心的感受，所以得到眾多聽眾的共鳴。」

華港傑問：「主持這個節目的人很了不起啊，他是一個甚麼樣的人呢？」

明教授説：「他原名李晚景，藝名叫李我。小時候曾經跟母親學唱過粵曲，後來

又隨名師學編劇。曾經在廣州的電台擔任
廣播劇主持人，一鳴驚人。1949年，香港
麗的呼聲電台啟播，就聘請他當播音員。
到1959年，他轉到香港商業電台工作。」

華港秀豎起拇指説：「他的頭腦和聲音
都很厲害呢！」

華爺爺説：「那時候的電台播音劇節
目，除了天空小説，還有戲劇化小説，包
括社會小説、言情小説、偵探小説、武俠
小説等等！」

馬冬東説：「哈！武俠小説也有嗎？我
很喜歡看，竟然那時也可以聽的呀！」

明教授説：「説起來，香港早年有不少
市民喜歡觀看武術表演，武俠小説和本土的
武術比賽也有很大的關係。曾經有一場吸引

了無數港澳市民興趣的吳、陳比武，更催生了**梁羽生**和**金庸**創作的新派武俠小說。」

華港傑很感興趣地問：「那是怎麼一回事？」

華爺爺說：「那是在 1953 年的秋天，吳家太極拳第二代掌門人吳公儀公開挑戰，說自己未逢敵手，引起澳門白鶴拳家陳克夫的極大反應，兩人簽下生死狀，在澳門擺下擂台，要在擂台上一決高下。」

馬冬東一拍手說：「好嘛！這場大比武一定很精彩！」

明教授說：「消息一傳開，轟動了全香港和澳門，全場座無虛席，門票

收入部分用來接濟石硤尾大火災的災民。
吳、陳比武進行了三個回合的激烈對打，
雙方都受了傷……」

華港秀急叫道：「哎呀，這麼激烈！結果怎樣？」

華爺爺說：「實在是很難分勝負，結果，裁判經過投票，宣佈這場比武是『不勝、不負、不和』。」

華港傑說：「這樣的比武結果很特別呀！」

明教授說：「是的。當時《新晚報》的總編輯羅孚受到啟發，讓副刊編輯梁羽生在報上創作連載新派武俠小說《龍虎鬥京華》，廣受讀者歡迎。接著他的同事金庸，又寫了《書劍恩仇錄》，在港、澳以至東南

亞掀起了新派武俠小説的熱潮。」

　　華港傑問：「新派武俠小説的特色是甚麼呢？」

　　華爺爺説：「這類小説從現代文學中吸取比較新的創作方法，把歷史、愛情、神魔、武俠四者結合起來，富有奇情、趣味和意境。」

圖說香港大事——1945年至1960年

在第二次世界大戰結束之後，雖然香港很快地恢復過來，可是，仍然要不斷面對不同的災禍。

1957年5月，香港首間有線電視台「麗的映聲」啟播，初時為收費電視，直至1973年改為免費電視。

戰後，香港水源未能跟上用水需求，在1950年代全港曾經多次制水。

1953年12月25日，石硤尾大火，受災面積達45畝，毀木屋2000多間，災民50000多人。

偵探
案件3

樓下閂水喉

大家合作
人人有水

這一天，華港秀和華港傑放學以後回到家，媽媽告訴大家，由於屋苑內供水系統檢查維修，全日停水，不能煮飯，要到附近的茶餐廳去吃晚餐。

當他們去到茶餐廳，剛剛入座，明啟思教授和馬冬東一家人也來了。

「哈，我們可以在一起吃晚飯，停水也不怕啦！」

華港秀笑咪咪地說。

「秀秀，你說得這麼輕巧，是因為沒有做家務，完全不知道停水帶來的麻煩。」

媽媽不以為然。

「這一代孩子如果不知道香港用水的歷史，就會身在福中不知福。」

華爺爺有感而發。

華港傑說：「爺爺，我知道香港曾經發生過大旱災，令食水嚴重短缺，是嗎？」

華爺爺說：「是啊，香港人曾經有一句口頭語，叫『**樓下閂水喉**』，就是鬧水荒的日子造成的，還有一首流行的民謠：月光光，照香港，山塘無水食無糧，阿姐擔水去，阿媽上佛堂，唔知幾時無水荒……」

華港秀問：「樓下閂水喉是甚麼意思？」

華爺爺說：「由於以前樓宇的水壓不足，高層的水喉要等下層的水喉關上才有水流出，所以高層居民常常向樓下大聲高呼『樓下閂水喉』。」

馬東冬問：「那時候為甚麼會制水的呢？」

明教授說：「在香港的歷史上，淡水資

源長期缺乏，水塘的儲水量不足，遇到天旱，就會鬧水荒，政府多次採取制水的措施。1963 年出現了 60 年來最嚴重的旱災，全香港的水塘，只夠 43 天的食用水量，因此政府宣佈每四天供應一次食用水。」

　　華港秀一驚，説：「吓？隔四天才有水用，豈不是要做污糟貓？」

　　華爺爺説：「那時不但洗澡、洗衣服成問題，連飲用水都不夠。每家每户居民，都要提着或挑着水桶，到街上排隊取水。街坊

之間常常為用水而發生爭執，樓下鬥水喉的叫聲不絕於耳，甚至鬧上法庭。」

馬冬東說：「真想不到，現在看來很普通的用水，也會引起這麼大的災難。」

明教授說：「上世紀 60 年代，食水比金錢還珍貴。有的街坊福利會提出，讓男生剃光頭，女生剪短頭髮來節省用水。」

華港傑說：「真不可思議！後來怎麼解決呢？」

華爺爺說：「就在 1963 年，香港政府與廣東省達成協議，每年由深圳水庫供水給香港，開始修築東江——深圳供水工程，首期於 1965 年 3 月 1 日完工，向香港供水 6800 萬立方

米，佔當時香港全年用水量的三分之一。」

馬冬東舒一口氣說：「好了，總算是解決問題了。」

明教授說：「不過，香港淡水的需求，因工業迅速發展而不斷增加，到 70、80 年代才有所改善。1977 年水塘存水量急降，政府再次宣佈制水。80 年代還有建造商不顧危險，用鹹水建公屋，出現所謂的鹹水樓醜聞。」

華港秀搖搖頭說：「那不是很容易倒塌？太危險了！」

華爺爺說：「那的確是很可怕。為了善用香港的水資源，由**水務署**負責為香港提供及分配已經過濾的食水和沖廁用水，保養和改善整個水務系統。」

馬冬東説：「這樣，水務署能發揮作用，對市民用水的需求有幫助嗎？」

明教授説：「當然了，水務署在香港人的生活中擔當着重要的角色。除了鼓勵節省用水文化之外，還不斷研究和測試用不同的方法開拓水源，曾經考慮以海水化淡的方法來取得淡水。」

華港秀説：「將海水變成淡水？能成功嗎？」

華爺爺説：「這是不簡單的。香港第一個海水化淡廠，名為『樂安排海水化淡廠』，在 1975 年建成，1977 年全面運作，是當時世界上最大型的海水化淡設施。但由於燃料的成本很高，1982 年停用並關閉

了。」

馬冬東説：「唉呀，那不是很可惜嗎？」

明教授説：「嗯，2003 年，政府在屯門和鴨脷洲再進行新的海水化淡技術研究試驗，讓成本進一步降低，確定海水化淡長遠可以成為香港的另一水源。」

華爺爺説：「另外，政府還探索其他供水水源，包括研究使用**再造水**以及雨水集蓄的方法。」

馬冬東説：「再造水？那是用乜東東方法造的水？聽起來似乎很有創意呀！」

明教授説：「那是經過過濾處理的污水，無色無味，可以用來灌溉公園的花草樹木和運動場草地，也可以用來清洗道路、車輛及救火。或許還能用作某些工業用途。」

華港秀拍手說：「可以有這麼多用途，實在不錯啊！」

華爺爺說：「就是要羣策羣力，充分發揮創意和團隊合作精神。香港水務署還根據地理特點，在屯門濾水廠興建了香港第一個水力發電站，利用再生能源，將水塘的水引進發電機，所產生的電力用於濾水廠內設施，既環保又省錢。」

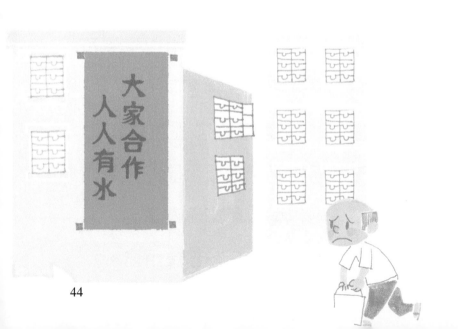

44

第2期

華港傑 主持

香港
古今奇案
問 答 信 箱

奇案1

哪套香港電影最多集數？

在香港，以黃飛鴻為主題拍攝的電影已達 100 部以上，可能是世界上集數最多的電影系列。

以清末民初時期真實人物黃飛鴻為主題的電影，早於 1950 年代、1960 年代香港已拍攝了接近 80 套。

第一套黃飛鴻電影於 1949 年拍攝。那時期的電影為黑白製作，當中的黃飛鴻一角，差不多全由關德興擔當，而反派亦幾乎全部由石堅演出。

奇案2 汽車渡輪航線於哪年開辦的？

　　1933年3月6日，汽車渡輪在香港首次啟航，在當時，汽車要渡過維多利亞港的話，使用汽車渡輪是唯一的方法。直至1972年海底隧道通車以後，大多數的汽車都使用海底隧道渡海，汽車渡輪生意大受影響，曾經於1998年起停辦十多年。目前只有一條汽車渡輪航線（北角—觀塘）復航。

你能根據本章提供的線索，說出解決香港食水問題的各種方法嗎？

最強颱風温黛

苔地麓窗華

鴻濤鈕扣行

　　這一天，天氣反常地悶熱，熱帶風暴正在接近，香港懸掛 3 號風球。因為未知風力是否會進一步加強，為了保障中、小學生和幼稚園學生的安全，教育局宣佈各中、小學校和幼稚園停課。

　　華港傑、華港秀的媽媽一邊把早餐拿出來給大家吃，一邊説：

　　「過了中秋節還會有強風信號，這樣的情況以前很少有。」

　　爸爸説：「現在全球的氣候暖化，天氣變得愈來愈不正常了。不過，雖然是有強風信號，也未必一定會有更強烈的風暴襲擊香港。」

　　正説着，門鈴響了，華港秀走去開門，馬冬東走了進來。

「Hi，乜東東，你來做乜東東啊？」

華港傑問。

「今天不用上學，賺了一天假，我們可以好好玩一玩啦！」

馬冬東揚起手中的電子遊戲機說。

「好啊！好啊！這很合我的心意！」

華港秀高興地雀躍說。

「玩、玩、玩，你們就知道玩。也不會趁這多出來的空閒時間看看書，温習一下功課。」

華港傑瞪眼看着華港秀和馬冬東說。

「就是啦，香港就要被強風吹襲，會帶來很多破壞性的影響，你們竟然還這麼高興，是不應該的。」

媽媽在一旁說。

馬冬東和華港秀互望一下，伸了伸舌頭。

「算了算了，小孩子嘛，愈小愈是愛玩的。香港近幾年雖然多了強風信號，但大都是打不成大風的，大家放鬆一下心情來對待也是可以的。」

爸爸笑着說完，就出門去上班了。

這時，華偉忠爺爺從房間走出來，說：

「呵，這麼多人，這麼熱鬧，是被強風信號『吹』來的嗎？」

馬冬東說：

「嘻嘻，爺爺你說的真風趣！」

華港秀立刻拉開餐桌旁的椅子，說：

「爺爺，您坐在這裏和我們一起吃早餐吧，我們今天都不用上學啦。」

華爺爺坐下來説：

「我知道，所以你們都樂得心裏開了花是嗎？小傻瓜！」

華港秀笑着聳聳肩。

「爺爺，我在網上查看資料，香港當代曾經有過一次最強烈的颱風，造成嚴重的人命財產傷亡。是嗎？」

華港傑問。

「你指的是 1962 年吹襲香港的**超級颱風溫黛**（Super Typhoon Wanda）吧？」

華爺爺説。

「是的。」

華港傑説。

華爺爺接着説：「那是在 1962 年 8 月

27日至9月1日期間，一個熱帶低氣壓在香港東南偏東大約2400公里，即是菲律賓以東的西太平洋形成，向呂宋海峽迅速移動，加強為一個強烈熱帶風暴。這是第二次世界大戰之後，吹襲香港的最強風暴，令180多人死亡，380多人受傷，另外還有100多人失蹤。」

「甚麼？打颱風也會造成這麼多人死傷？」

「太可怕了！」

馬冬東和華港秀大驚失色。

華爺爺又説：「唔，温黛是香港唯一在天文台總部錄得持續風力達颶風水平的強烈颱風，分別創下香港最低氣壓、最高每小時風速高達133公里的記錄，造成超強

的 10 號風球風災。」

華港秀瞪大眼睛驚嘆：「哎呀，那可真是太厲害了！」

「但是，打風的時候如果待在家裏不外出，不是就會安全了嗎？那一次為甚麼會那麼多人傷亡呢？」

馬冬東問。

華爺爺説：「由於溫黛是正面吹襲香港的，重創了整個沙田區，颱風風力強勁，將海水推入吐露港，導致沙田、馬料水、大埔一帶幾乎被徹底摧毀。因此，其中 120

多人是在沙田及大埔區受吐露港風暴潮淹沒的時候身亡，500多艘艇沉沒，700多條船嚴重受損。筲箕灣那邊也有1200多間平房、木屋倒塌。」

華港傑問：「香港受到的損失真是太慘重了。其他的地方有沒有受到溫黛的影響呢？」

華爺爺説：「有啊，在內地有250多人死亡，台灣也有1人死亡。」

馬冬東説：「那也是相當慘情的啊！這個溫黛真可惡！」

華港秀問：「爺爺，除了溫黛之外，香港還有過一些甚麼造成大損害的風暴呢？」

華爺爺説：「1964年的露比（Typhoon Ruby）、1971年的露絲（Typhoon Rose）、1979年的荷貝（Typhoon

Hope），都是很強的颱風，特別是露絲，奪去了過百香港人的生命，並且造成經濟上的重大損失。」

馬冬東說：「那也很恐怖呀！」

華港秀說：「原來打颱風會造成這麼悲慘的結果，我希望以後再也不要有大的颱風來襲香港了。」

媽媽說：「你們了解香港颱風的歷史和嚴重性，就要提高警惕，不能輕視，更不能把掛風球看作是放假玩樂的代名詞，懂嗎？」

華港秀、華港傑和馬冬東一齊回應：

「我懂了！」

馬冬東又問：

「預測颱風警報的香港天文台真是很重要，很了不起。那是在甚麼時候成立的

呢？」

華港傑説：「這個我知道。根據網上的資料，香港天文台是在 1883 年成立的。」

華爺爺説：「其實最初是在 1879 年，由英國皇家學會提出在香港設立一個氣象觀察台的構想，他們認為香港的地理位置很好，是研究氣象尤其是颱風的理想地點。事實上，那時候香港隨着人口逐漸增加，颱風造成的破壞受到社會關注，政府接納建議，1883 年夏天成立了香港天文台。」

華港傑説：「第一任的天文台台長，當時是叫做天文司，由杜伯克博士（Dr. Doberck）擔任。他們早期的工作包括氣象觀察、地磁觀察、根據天文觀測報道時間和發出熱帶氣旋警告。」

華爺爺說：「不錯。這些具有價值的服務，愈來愈受到關注，1912 年獲得英皇佐治五世頒授皇家天文台（The Royal Observatory, Hong Kong）稱號。至 1997 年 7 月 1 日回復香港天文台（Hong Kong Observatory）的稱號。此外，天文台不斷引入先進科技，並且同多個國家和地區的天文台合作，發展業務，以滿足現代社會的需求。」

圖說香港大事——
1961年至1970年

這時期可說是香港的多事之秋，天災加上人禍，香港不斷面對挑戰的同時，也開始走上了發展軌道。

1966年，天星小輪加價，導致九龍有數百羣眾徹夜遊行示威，4月6日示威演變成暴動，直至4月10日暴動才平息。

1967年5月至12月，發生了當時參與及支持者稱之為「反英抗暴」的「六七暴動」。

1967年1月3日，香港仔附近發現香港初期的花崗石里程碑——裙帶路里程碑。

1967 年 11 月 14 日，隨着新界發展，連接九龍塘及沙田區的獅子山隧道正式啟用，為香港最早通車的行車隧道。

1962 年 8 月 31 日至 9 月 1 日，超級颱風溫黛襲港，造成嚴重傷亡，溫黛亦是唯一於天文台總部錄得持續風力達颶風水平的颱風。

一代宗師

這一個週末的傍晚，馬冬東和華港秀在屋苑附近的公園裏，擺開架勢，拳來腳往地「對打」起來。

　　「嘿！嘿！嘿！」

　　「啪！啪！啪！」

　　明啟思教授和華偉忠爺爺一起散步，正好經過，看見了都覺得有趣，就停下來觀看。

　　「咦，他們兩個是模仿別人比武嗎？」

　　明教授問站在一旁的華港傑。

　　「嘿，這都是因為他們今天看了學校少年武術隊的表演，非常興奮，就學人家對打，但是有姿勢，無實際，學得不三不四、怪模怪樣的。」

　　華港傑笑着回答。

「別笑話人嘛，如果不是功課忙，時間緊，我早就參加少年武術隊了，一定會『威』給你們看的！」

馬冬東不服氣地說。

「乜東東，你講乜東東啊？你連葉問的一個動作都學不到，幾時輪到你發威？」

華港秀的嘴巴不饒人。

「哼，你不要只會用把口來攻擊我！你要扮李小龍，也沒有一點兒相似之處啦！」

馬冬東堅決不認輸。

「哈哈哈！你們這兩個小傢伙，原來都是武術迷，如果生在上個世紀的 50、60 年代，情況就和如今大不相同了！」

華爺爺朗聲大笑說。

「上個世紀 50、60 年代怎麼樣呢？爺

爺，你給我們講一下吧。」

華港傑懇求道。

「不如我們坐下來，再慢慢説吧。」

華爺爺説着，帶大家步入近處的涼亭，讓各人坐下，才説：

「上一個世紀的香港，可以説是一個中國武術的大熔爐。不論是南派的**洪拳**、**劉家拳**、**蔡家拳**、**李家拳**、**莫家拳**，還是北方的**形意**、**八極**、**太極**等等各種各樣的武術流派，都能在香港找到一席之地。」

馬冬東説：「為甚麼會那樣的？有很多人鍾意武術嗎？」

明教授説：「是啊，那時候的香港，社會動盪，治安欠佳，物質貧乏，娛樂不多。不少年青人，尤其是基層青年，都會

到武館學功夫，希望有一招半式傍身，也能強身健體，還可增加求職的機會。」

華港秀説：「原來是這樣。那時的武館是不是到處都有的呢？」

華爺爺説：「是有很多，不過大多數都設立在天台上。」

華港傑説：「呵，天台武館，把武館開在天台上，令人覺得很特別，也很奇怪呢！」

明教授説：「這就是香港當年的一大本土特色。當初雖然未有地產霸權，但是始終因為地方小，寸金尺土，很難找到大面積的房子開武館，唯有因地制宜，向上發展，利用天台的空間設立武館教打功夫了。」

華爺爺接着説:「這也不失為一個方便又節省的好方法。每天黃昏時分,各間武館的師兄師弟就會排列整齊,練習拳腳兵器武術。而不同流派的武館名師,會在肉檔、鐵路、酒樓、電燈公司等各行各業工會中招收弟子。」

明教授説:「根據有關方面的統計,在1960年至1970年間,全香港國術武館多達418間,習武者高達12,000人。」

馬冬東説:「這麼多,好犀利呀!」

華爺爺説:「有很多武林中的前輩回憶,那時候的武館師徒感情非常之好,家庭貧窮的徒弟生活有困難,師傅解囊相助,有的還讓徒弟寄住在武館;徒弟知恩圖報,會輪流買菜煮飯給師傅吃,又會幫

助打理武館的雜務。」

明教授說：「那真是一個情感融洽、和諧共處的武術世界。除了在武館內人人情同手足之外，也多少能促進社區的團結，是完全可以想見的。舊唐樓的天台本來就一間間樓頂相連，非常接近，這邊開練時，那邊的街坊有興趣也會從旁觀看。為了幫補收入，幾乎所有的武館都會參與所在地區的節慶活動，出獅、搶花炮等等，表演娛樂大眾，廣受歡迎。」

「咚鏘！咚鏘！咚咚鏘！」

華港秀和馬冬東興致勃勃地模仿舞獅，把大家都逗得笑了起來。

華爺爺説：「東東，你喜歡學葉問打功夫，對於他的事蹟，你有多少了解呢？」

馬冬東説：「我知道他是廣東省佛山市人，是專長打詠春拳的一代宗師。」

明教授問：「那你知道他的師傅是誰？為甚麼來到香港的嗎？」

「哎……這個嘛……」

馬冬東搔搔頭，一下子答不上來。

華港傑説：「我上網查過葉問的資料，他生於 1893 年，原名葉繼問。在佛山跟隨詠春拳名師陳華順習武，1949 年來到香港發展。」

華港秀接着説：「我也知道，葉問在香港將詠春拳術發揚光大，1955 年在油麻地的武館教過我的偶像李小龍。」

華爺爺説：「哈，秀秀的偶像是李小龍，那也很不錯。你對李小龍的一生，是不是都有所了解呢？」

華港秀説：「是的，我參觀過**香港文化博物館**中的李小龍遺物展覽，也看過一些他的電影。我知道李小龍 1940 年在美國三藩市出世，本名是李振藩，英文名 Bruce Lee，乳名細鳳。」

馬冬東搶着説：「我也知道！李小龍的爸爸原來是有名的粵劇演員李海泉，李小龍小時候在香港生活，跟葉問學打詠春拳，參演過很多部香港電影。後來去美國

留學，主修哲學，並且教武術，自創**截拳道**！」

　　華港傑補充說：「他還演出過不少電影、電視劇，努力改變了亞洲人在影片中的形象，令許多西方觀眾大為佩服。他主演的電影《唐山大兄》，以功夫為主題，大獲好評，震動了整個國際影壇，大大地為中國的武術增色爭光。」

第3期

華港傑 主持

香港
古今奇案
問 答 信 箱

奇案1

香港何時奪得首面奧運金牌？

　　李麗珊為長洲原居民，就在 1996 年美國阿特蘭大奧運會的滑浪風帆項目，奪得香港歷史上首面奧運會金牌，消息轟動香港。當時，她居住的島嶼長洲舉行萬人祝捷會。

　　在奧運會奪獎後，她激動地向記者說：「香港運動員唔係垃圾！」，這句話成為傳頌一時的名句。

你能根據本章提供的線索，
畫出你心目中最能代表香港
的人物嗎？

偵探
案件6

天台學校

傍晚時分，明啟思教授、華偉忠爺爺、馬冬東、華港傑和華港秀在屋苑裏散步閒聊。

　　華爺爺說：「香港以前有天台武館，是一大本土特色。說起來不可不知，香港還有**天台小學**，也是另一種本地特產。」

　　馬冬東說：「哈哈！天台小學，聽起來很好玩呢！可以在天台讀書上課，登高望遠，那不是有很廣闊的視野？讀書讀得頭痛也不怕了……」

　　華港傑打斷他的話，說：「乜東東，你亂講乜東東啊，愈來愈離地了，快快打住吧。爺爺，香港的天台小學，是哪一個年代出現的？」

　　華爺爺說：「大約是在 1950 年至 1980

年代吧。其實是在政府徙置大廈天台開始設立的小學校。」

華港秀問：「為甚麼要在天台開設小學呢？不會是因為像乜東東說的那樣，是為了乜東東登高望遠吧？」

明教授說：「當然不是了。主要原因，是第二次世界大戰以後，有大量新移民湧入香港，本地學位供應十分緊張。我們之前也說過，1953年發生石硤尾大火，政府興建公屋徙置大廈安置低收入的災民家庭。而為解決適齡的兒童入學，政府就以每年一元的租金，提

供徙置大廈天台給慈善機構開辦學校。」

　　華港傑問：「在這些天台小學讀書的學生，人數多不多呢？」

　　華爺爺說：「約莫佔當時全香港小學生人數的一成左右吧。但天台小學設備簡陋，人手短缺。為了保障學生的安全，天台小學的四周都圍上鐵絲網，防止意外發生。直至 70 年代末 80 年代初，不少天台小學都獲得分配獨立校舍，繼續辦學，天台小學的模式才逐漸被淘汰了。」

　　明教授說：「香港的教育發展，確實是走過了艱難曲折的道路，但也取得了可觀的成績，培養出不少傑出的學生。下一個週末，我們可以去一個地方走走，看看。」

　　馬冬東急不及待見聞：「公公，你要帶

我們去甚麼地方參觀啊？那是和香港教育有關係的嗎？」

明教授笑着說：「你急甚麼呀？到時候就自然會知道了。」

令人非常期待的一個週末來到了，明啟思教授帶大家來到深水埗的**桂林街**。這裏新新舊舊的住宅樓宇和商業大廈交集林立，還有許多食肆、街市攤檔，人來車往，十分熱鬧。

```
┌─────────────────────────┐
│  Kweilin   Street       │
│     桂林街               │
└─────────────────────────┘
```

馬冬東說：「這裏有甚麼教育設施看呢？是天台小學的遺跡嗎？」

明教授說：「不是看小學，而是要看一間大學的舊校舍。」

華港秀說：「這裏不是住宅區嗎？我好

像只看過卡通片上小麥兜讀的春田花花天台幼稚園，真不知道這裏會隱藏着一間大學校舍的。」

華爺爺說：「這裏的確有過一間大學的校舍，就是中文大學成員**新亞書院**的前校舍。」

馬冬東說：「中文大學新亞書院前校舍？這地方好厲害啊！」

明教授說：「這段歷史你們也是應該知道的。中文大學的新亞書院，英文名是 New Asia College，創辦於 1950 年，當時的校舍就是在深水埗桂林街這裏。至 1956 年遷去土瓜灣農圃道。香港中文大學正式成立之後，1973 年再遷入沙

田馬料水。」

華爺爺說：「初時開辦的新亞書院，設備也很簡陋。由於經費不足，規模狹小。學生多來自貧困家庭，但並不影響他們的求學上進心。校訓為『誠明』，意思是天地萬物以誠實運作，達到誠，堅持學習，能獲得真正的智慧。」

華港秀說：「他們在困難的環境下還堅持刻苦學習，很了不起啊！」

明教授說：「香港的教育，也是在困難的環境下，一步一步地發展起來的。早在 1965 年，政府首次倡議免費及強迫教育政策，到 1970 年代，開始推行六年免費教育；1980 年起，再改為九年免費及強迫教育；而從 2007 年開始 12 年免費教育。」

華爺爺説：「香港的大學，也由最初的兩間發展到現在八間了。香港中文大學更成為舉世知名的名牌大學。」

　　華港傑説：「我也看過一些資料，原來在 2009 年獲得諾貝爾物理學獎的高錕爵士，1987 年至 1996 年曾經出任香港中文大學校長，所以，諾貝爾獎委員會就認定把他的獎項算在英國標準電訊實驗室（Standard Telecommunication Laboratories）和香港中文大學名下了。」

　　馬冬東説：「很了不起啊！我也知道他是光纖通訊之父，專門研究用玻璃纖維傳送訊號，得到偉大的實驗成果，聞名中外啦。」

　　華爺爺説：「不錯，高錕在獲獎後表

示，他在香港就讀高中，也曾在中文大學執教鞭、做校長，完全是個香港人。他因為患上了俗稱早老性癡呆的阿茲海默病，瑞典皇家科學院向他頒授諾貝爾物理學獎的時候，瑞典國王破例走到他面前頒獎，免除他走到台中三鞠躬的慣例。」

明教授說：「另外，還有一位著名的學者，曾經入讀香港中文大學，獲得了數學界的最高榮譽菲爾茲獎及沃爾夫數學獎。」

華港傑說：「明教授，您說的是丘成桐教授，對嗎？」

明教授說：「對了，我說的就是他。怎麼樣？你們都知道丘成桐教授的事跡嗎？」

華港傑和馬冬東一齊回答：「知道。」

華爺爺說：「東東，你來說一說吧。」

馬冬東清一清嗓子，一本正經地說：「我知道，丘成桐是在廣東省汕頭市出世的。他只有幾個月大的時候，全家移居香港。曾經入讀沙田公立學校、香港培正中學、香港中文大學崇基學院數學系，再去美國加州大學柏克萊分校（University of California Berkeley）深造。」

明教授說：「咦，想不到東東你對丘成桐教授的學歷，了解得還相當清楚的啊。」

馬冬東老老實實地說：「因為幾天之前，學校的算術老師才向我們介紹過，大家都有很深的印象，丘成桐教授是我們香港的驕傲呢。」

華爺爺說：「講得好，的確是這樣。丘成桐教授現在是世界上公認的最具影響力

的數學家之一，而且是香港製造的傑出華裔學者，值得讓香港人引以為榮，尤其是你們這些香港學子，都應該好好向他學習和看齊啊！」

天台學校

圖說香港大事——
1971 年至 1980 年

香港經濟急速起飛，無論是城市建設或是制度亦在不停改進，市民生活質素大大提升。

1975 年 1 月 7 日，廉政公署拘捕葛柏。

1975 年 12 月 14 日，天文台錄得攝氏 4.3 度，新界廣泛地區接獲降雪報告，為香港迄今最後一次錄得的降雪紀錄。

1979 年 9 月 30 日，香港地鐵舉行首次通車典禮。

1972 年 8 月 2 日，海底隧道通車。

1975 年 11 月 30 日，九廣鐵路總站由尖沙咀遷往紅磡。

1975 年 5 月 4 日，英女皇伊利沙伯二世首次到香港訪問，這是英國在位君主第一次到香港訪問。1986 年伊利沙伯二世再度訪港，並主持香港會議展覽中心奠基儀式。

偵探案件7

葛柏奇案

反貪污捉葛柏

這個星期天，華偉忠爺爺、華港秀、華港傑一家和明啟思教授、馬冬東等一家人在酒樓飲茶。

席間，明教授告訴大家，他有一個在廉政公署工作的學生要來找他，所以他得先退席回家去。說完之後，就離開了。

「甚麼？廉政公署的人來找我的公公？怎麼搞的？公公他不可能貪污犯下乜東東罪的吧？」

馬冬東大驚失色地說。

「乜東東，你傻啦，怎麼會這樣發問的？明教授不是說了，那一位要上門來找他的，是他的高足嗎？」

華港傑哭笑不得，拍了馬冬東的頭一下，說。

「就是啊，我們都聽得清清楚楚的，只有乜東東你最懵懂。」

華港秀也跟着笑起來說。

「東東，你擔心甚麼？你公公明教授是最光明正大、奉公守法的好人。要來找他的那位學生，我也認識，他是負責廉政公署的宣傳網頁設計工作的，因為想選用你公公的一篇文章，所以才要登門拜訪的。」

華爺爺解釋說。

馬冬東這才鬆了一口氣，說：「原來是這樣。我還以為，被廉政公署上門來找的，必定不是好事呢。」

「東東，你這樣想，真是天大的誤會！廉政公署從成立的那一天開始，就是為我們香港做好事情的了。」

馬冬東的媽媽說。

「爺爺，廉政公署是在甚麼時候成立的？香港為甚麼會成立廉政公署的呢？」華港秀問。

「**廉政公署** Independent Commission Against Corruption，簡稱廉署或是 ICAC，是在 1974 年成立的。由於 1960 年代至 1970 年代，香港人口迅速增長，經濟發展也很快。但社會資源不足，市民不得不以賄賂的方法來取得生活的方便，出現了到處貪污的歪風。」

華港傑和華港秀的爸爸說：「是啊，那時候的消防員，居然要先收錢才開水喉救火，救護人員要先索取『茶錢』才肯接送病人到醫院，病人在醫院裏還要給工人『打

賞』，才可以獲得合理的服務。」

馬冬東說：「真是太荒唐了！」

馬冬東的媽媽說：「更離譜的是，就連一般的公共服務，例如輪候公屋和申請入讀官立學校等等，也要用金錢物質去賄賂相關的負責人員。」

華港秀氣惱地說：「這怎麼行？簡直是公然貪污犯法，太黑暗了！」

華爺爺說：「在 1960 年代的港英政府中，以警務處的貪污情況最為嚴重，這支被形容為『世界上用錢能買到的最佳部隊』，許多警務人員接受賄賂，濫用權力，包庇各種非法罪行，嚴重威脅香港的治安。」

馬冬東橫眉瞪眼說：「連身為執法者的

警察也貪污犯法，豈不是無法無天嗎？問題真是太嚴重了！」

華港傑、華港秀的爸爸説：「本來香港警務處早在 1952 年就成立了反貪污部，專責處理香港市民對警務人員的貪污投訴。但是有的調查員對某些貪污警察進行調查的時候，自己本身也貪污犯法，結果是只打蒼蠅，不打老虎，根本解決不了問題。」

華爺爺説：「就是那樣的狀況，令當時的香港總督戴麟趾（Sir David Trench）意識到貪污問題的嚴重性，在 1971 年 5 月制定《防止賄賂條例》，但也是成效有限。直至 1971 年麥理浩（Sir Murray MacLehose）接任總督，才一手創立專門撲滅貪污罪行的總督特派廉政專員公署。」

馬冬東的媽媽説：「廉政公署開始運作的時候，對最重要的案件展開調查，就是葛柏貪污案。」

華港秀問：「葛柏是甚麼人？」

她的爸爸説：「葛柏，英文名字為 Peter Fitzroy Godber，曾任香港皇家警隊外籍總警司。他在香港警隊表現突出，也曾多次立功獲獎。但多年來暗中運用自己的職權，貪污斂財，貪污的款項達到 430 萬元之多。」

華港傑説：「430 萬元！」

華爺爺説：「那一筆貪污的巨款，相當於葛柏在香港任職警務人員 21 年來薪酬收入的六倍。他也

收到會被廉署調查的風聲，要求提早一年退休，並且偷偷把那一筆錢寄走。」

馬冬東切齒罵：「狡猾的老狐狸！」

華港傑、華港秀的爸爸說：「葛柏這個老奸巨猾的貪污犯，很會利用當時的法律制度漏洞，恃着有高級警司的特權，繞過入境事務處，直接登上飛機，前往星加坡，再轉機飛返英國，逃出廉政公署的法網。」

馬冬東的爸爸說：「當葛柏捲錢潛逃的消息一傳出，全香港市民大為震怒，1973年8月26日，大批香港學生和市民在維多利亞公園舉行『反貪污、捉葛柏』的集會和大遊行，要求引渡葛柏回港受審。」

華爺爺說：「鑒於事態嚴重，為了穩定

民情，港督麥理浩成立獨立調查委員會，對葛柏潛逃案展開調查，並在三個月內提交香港的貪污問題報告書。」

華港秀緊張地問：「結果怎樣？捉到葛柏了嗎？」

她的爸爸說：「在英國警察的協助下，葛柏在當地被拘捕，1975 年 1 月 7 日，從印度返回香港接受審判，判囚四年。」

華爺爺說：「事實上，葛柏的貪污案情，在當時只是屬於冰山一角。香港歷來的貪污問題根深蒂固，也不是一朝一夕能解決的。廉政公署成立之後的頭 10 個月內，就接到涉及貪污的投訴接近 6000 宗，大量的警務人員受到牽連或者被邀請協助調查，還引起了警、廉衝突。」

馬冬東的爸爸說：
「麥理浩設法重新整理廉政公署肅貪倡廉的形象，並且改善警廉關係，同時繼續追捕在逃的貪污犯，包括涉及賄款數以億計的呂樂、韓森、藍剛和顏雄探長、前總警長曾啟榮等。」

華爺爺說：「就是這樣，廉政公署多年以來致力打擊貪污風氣，令香港社會逐漸走向廉潔，為經濟起飛奠定基礎，成為亞洲四小龍之一。」

第 4 期

華港傑 主持

香港 古今奇案

問 答 信 箱

奇案 1　香港哪一位總督在任時間最長？

　　麥理浩（MacLehose，1917 年－2000 年）為第 25 任香港總督，任期為 1971 年至 1982 年，前後長達 10 年半，先後獲四度續任，是香港歷史上在任時間最長的港督。

　　麥理浩任內進行了多項改革，涉及房屋、廉潔、教育、醫療、福利、基礎建設、交通等各個範疇，例如十年建屋計劃、開發新市鎮、創立廉政公署、九年免費教育、設立郊野公園、興建地下鐵路等等。

　　輿論普遍認為麥理浩是香港歷史上最傑出和最受市民愛戴的港督之一。他在卸任離開香港的時候，途經之處均有大批市民送別。

奇案2　香港中文大學是哪一年建立？

在 1963 年，香港中文大學由三所書院合併而組成，這三所書院分別為新亞書院、崇基書院及聯合書院。

新亞書院於 1949 年由錢穆、唐君毅等一羣著名學者所創辦。崇基學院於 1951 年由香港基督教教會代表創辦，為本地首所基督教中文專上學院。聯合書院於 1956 年由廣僑、光夏、華僑、文化及平正五所專上學院合併組成。

你能根據本章提供的線索，說出廉政公署的主要工作嗎？

偵探
案件8

工廠妹萬歲

這天放學之後，馬冬東和華港傑、華港秀結伴而行，一路走回家去。

當他們經過馬路口的時候，看見華偉忠爺爺和明啟思教授一起，從地鐵站走了出來。

華港秀迎上前去說：「咦，爺爺，明教授，你們為甚麼會在這裏的啊？」

華爺爺說：「我剛剛和明教授去香港展覽中心，參觀了本年度的香港鐘錶展覽。」

馬冬東也走過來問：「怎麼樣？好看嗎？」

明啟思教授說：「當然是不錯的。香港的鐘錶製造業歷史悠久，在全世界也是有名的。今年有不少產品設計的款式新穎，價錢又平宜，可以說是價廉物美，吸引了

不少買家和遊人。」

華港傑走近了，説：「太好了！我剛剛收到香港古今信箱的不少讀者來信，都問到香港工業在第二次世界大戰之後發展的問題，鐘錶製造業也是其中之一。明教授，爺爺，你們可以談一談嗎？」

明教授説：「這是一個很大的題目，你們現在都到我的家去吧。大家坐下來休息一下，再慢慢談。」

於是，大家都高高興興地跟着明教授回家了。

各人在客廳坐下來，喝過一些茶水，明教授説：「我們都知道，香港製造業有悠久的歷史，但真正有重大的發展，是

在第二次世界大戰之後，1950 年代左右。」

　　華爺爺接着説：「是啊。當戰時的管制政策結束了，大部分物資恢復自由貿易，香港經濟的復甦速度驚人，戰前的轉口貿易亦逐漸恢復與發展。比如鐘錶業，許多加工廠都有了不同程度的擴張。」

　　馬冬東問：「那時候的工廠，可以造出質素高的手錶嗎？」

　　明教授説：「1950 年代中期的香港錶殼廠，就能生產當時比較先進的防水錶殼，質素相當高。產品主要供應美國的鐘錶大廠。同時，香港的鐘錶商也進口瑞士機械錶芯進行裝配，出口市場龐大，香港成為亞洲區內的鐘錶集散地。」

　　華港傑説：「那很不錯呀。其他工業發

展又是怎麼樣的呢？」

華爺爺説：「香港的紡織業發展也不錯。第二次世界大戰結束之後，第一間紡織廠在 1947 年建立，到 1975 年，本港已發展到 40 家。」

華港秀説：「嘩！發展得真快。」

明教授説：「和紡織業相似的製衣業，在香港也蓬勃發展。1960 年代初期，製衣業已經超越紡織業，成為出口收益最大行業，也是僱用工人最多的工業。在 1973 年至 1985 年間，香港是世界上最大的成衣出口地區。」

「唉呀！真犀利！」

馬冬東豎起拇指説。

「另外，香港曾經是全球最大的玩具

出產地。還有塑膠業、印刷業、電子業等等，都各有高速發展、繁盛興旺的時期。所以，香港得以和韓國、台灣、星加坡一起，躋身於**亞洲四小龍**的行列。」

明教授說。

「香港工業的全盛時期，第一次在1970至1980年代，香港人所熟知的『塑膠花大王』李嘉誠經營的長江塑膠廠，就為他打下了雄厚的資本基礎。後來，他進軍地產業，於1971年成立長江實業，逐步發展成世界華人首富。」

華爺爺說。

「他是很出名的，從穿膠花開始勤奮創業，我們都知道。」

華港秀說。

「其實，香港的製造業，還有非常獨特的一面，如果你們還有興趣了解的話，週末可以帶你們去體驗一下。」

華爺爺說。

「很有興趣呀，爺爺，你就帶我們去開開眼界吧。」

華港傑說。

馬冬東和華港秀一齊拍手贊成。

星期六的下午，華爺爺帶着大家到了長沙灣。

這裏有很多一模一樣、設計簡單的高大樓房。

華港秀問：「爺爺，這裏是工廠區，對嗎？」

華爺爺說：「它們的前身曾經是的。

1950、60年代，香港有一種叫做『山寨廠』的家庭式工業或小規模的工場，在木屋區或徙置區生存。但如果遇上天災或者政府要回收土地重新發展，就要提供地方另外安置這些工場。所以1957年，政府在這裏興建了香港第一座徙置工廠大廈。」

明教授説：「是啊，以前的觀塘、荃灣等地方都有大型的工廠區，香港人對於工廠大廈都有不少集體回憶，尤其是那一羣曾經活躍在不同工場內的女工，人稱**工廠妹**，她們工作非常勤奮，同時又樂天活潑，勇敢地面對生活上的種種問題，可以説是頂起了香港工業的一片天。」

華港秀説：「對！對！對！我在電視上看見過介紹她們的節目！」

說着，就怪聲怪氣地唱了起來：

「工廠妹萬歲！

工廠妹萬歲……」

「哈哈哈！你、你在扮乜東東，唱乜東東啊……」

馬冬東笑得直不起腰。

華爺爺説：「她是模仿粵語長片中，著名演員陳寶珠扮演的工廠妹角色，在女工宿舍唱的流行歌曲《工廠妹萬歲》。」

馬冬東説：「真搞笑！笑死我了！」

大家都笑起來。

過了一會兒，華港傑問：「這裏的工廠大廈，現在裏面還有工場嗎？」

明教授説：「由於 80 年代後期香港的人工上漲，工廠經營成本增加，而中國大陸經濟開放，很多工廠都遷移北上發展，現在這裏的很多廠廈，都改裝為辦公室、倉庫或是商場了。但無論如何，這裏的建築物，還是見證了香港工業的歷史發展的。」

華港傑説：「是，我們都要好好看一看。」

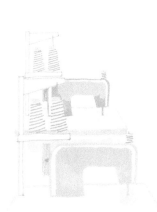
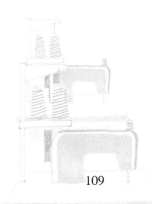

圖說香港大事——
1981 年至 1990 年

香港發展成為國際知名的城市，而香港的流行文化影響整個東南亞。與此同時，香港的前途問題也引起國際關注。

1984 年 12 月 19 日，關乎香港前途及命運的《中英聯合聲明》在北京人民大會堂正式簽署。

1989 年 11 月 8 日，訪港的英國王儲查理斯王子偕同戴安娜王妃主持文化中心揭幕儀式。1995 年戴安娜王妃再次訪港。

文化中心

1989 年 5 月 20 日，颱風布倫達襲港，8 號風球高懸，造成 6 死 119 傷及 1 人失蹤。

偵探案件9

消失的遊樂場

離開長沙灣之後，華偉忠爺爺帶大家來到美孚地鐵站附近的住宅區。

馬冬東問：「這裏也是工廠區嗎？」

明啟思教授說：「不是。這裏原來是公園和遊樂場，也是一個充滿香港人集體回憶的地方。」

華港秀向四處張望着說：「可是，在我們眼前的都是住宅樓宇，看不見有甚麼遊樂場呢。」

華爺爺說：「這裏曾經有過的遊樂場公園，1990 年前後已經拆卸了，現在當然看不見。不過，不可不知，1949 年 4 月 16 日在這裏開業的**荔園遊樂場**，當時是香港最早又最大的遊樂場。」

馬冬東說：「香港最大的遊樂場？裏面

有甚麼東西玩？」

明教授説：「最初，遊樂場內設有三個山泉游泳池，另外又有濱海泳場，並且設有各類劇場以及各式各樣的攤位遊戲、水上遊戲等等，包括摩天輪、碰碰車、旋轉木馬、過山飛龍、哈哈鏡、搖搖船、咖啡杯、小飛象、八爪魚、恐龍屋等等。」

華港秀拍手叫好：「嘩！這麼多花樣，聽起來很好玩呢！」

華爺爺說：「當時荔園遊樂場最吸引人的，應該是香港唯一的真雪溜冰場，另外又有新奇刺激的表演，比如蒙眼飛刀……」

「甚麼？甚麼？蒙眼飛刀？那不是萬分危險的嗎？」

不等華爺爺說完，馬冬東就驚叫起來。

「那都是經過長期訓練的雜技演員表演，正所謂藝高人膽大嘛。當時還有不少著名的電視藝員和歌星，在遊樂場的粵劇舞台和歌壇演出。其中香港很有名的梅愛芳、梅艷芳姊妹，也是駐場的演員。」

華爺爺說。

「還有，對小朋友來說十分有趣的，就

是這個遊樂場裏曾經設有 10 萬平方呎的動物園，展出過老虎、金錢豹、箭豬、棕熊、黑豹、孔雀、袋鼠、猿猴、獅子、鱷魚、長頸鹿、駱駝、大象等各種動物。」

明教授説。

「1979 年 6 月，荔園西南邊的小西湖附近，開放一個新公園，叫做**宋城**，是仿照宋代《**清明上河圖**》而建起來的宋朝古都汴梁的縮影，展現宋朝的景物和景象。」

華爺爺説。

「那很有意思吧！宋代是中國歷史上最繁榮的朝代之一呢！」

華港傑很感興趣地説。

「不錯。當時宋城的入口有一座大城門，城樓上展出古代兵器。城內小河貫通

南北，小船在河上穿梭來往，兩岸綠楊垂柳，沿岸有各類古色古香的茶寮、酒莊、藥店、廟堂等等，工作人員也穿上宋代的服裝，不時有民間雜技和武藝表演。」

明教授説。

馬冬東説：「那不是類似大嶼山纜車站上的集古村嗎？」

華爺爺説：「是的，不過，時間上就建得早很多。那裏還設立蠟像館，展出多個中國帝王及名人的蠟像，包括秦始皇、岳飛、魯迅、孫中山、周恩來等等。宋城內

也有歌劇院，上演宋代的名劇。」

明教授說：「那時的宋城，也被電影公司借用為拍攝古裝影片的外景場地，香港著名的演員例如張學友、馮寶寶、張國榮、李連杰等，都在這裏拍過不少電影和廣告的鏡頭。」

華港秀說：「這多好啊！後來為甚麼要拆掉呢？」

華爺爺說：「因為自從 1965 年開始，東九龍有了一個新的主題公園，就是**啟德遊樂場**，令荔園這邊的生意受到衝擊。到了 1977 年，又增加了新的

競爭對手海洋公園。加上政府決定回收荔園的土地發展，結果，1997 年 3 月 31 日晚上，荔園和宋城一同結業了。」

華港秀說：「可惜了。當時的香港人捨得嗎？」

明教授說：「很多人都感到依依不捨的，所以荔園遊樂場結業當晚，有 20,000 多人次進場，他們都獲得園方贈送的閃卡作為紀念。」

馬冬東說：「另外一個啟德遊樂場有甚麼東西好玩，吸引遊客的嗎？」

華爺爺說：「那是香港第一個主題公園，裏面有全港第一座過山車，也有戲院、攤位遊戲、機動遊戲等等，長期有粵劇演員和歌星在場內表演，著名的演員鄭

少秋、鄭麗芳、吳君麗、呂良偉、萬梓良等，也在那裏拍過電影和電視劇。」

華港秀説：「那啟德遊樂場後來怎麼樣了？」

明教授説：「同樣也是因為海洋公園落成，令啟德遊樂場對遊客漸漸失去吸引力，變得經營困難，結果在 1982 年 4 月關閉。」

華爺爺説：「無論如何，1977 年開業的海洋公園，地方大設施多，尤其是海洋劇場的海洋動物表演，吸引力最強，直到今時今日，也是各地遊客最喜愛的旅遊節目之一啊。」

大家邊聊邊看，時間差不多了，便乘上巴士，直往尖沙咀去。

「嘿！太空館！我最愛進去參觀的了！」

馬冬東興奮地指着車窗外看到的香港太空館説。

「我也進去參觀過啦，有很多天文科學展覽品，還有全天域電影放映室，很精彩的。從外面看起來也很得意，整個太空館的形狀就像雞蛋，上面還有一格格的外牆，就像是個巨型的菠蘿包。」

華港秀説。

「你講乜東東啊？世界上哪有這麼大的菠蘿包？哈哈哈！也不怕吃崩牙，真是笑壞人啦！」

馬冬東笑着説。

「香港太空館是在 1980 年建成的，對嗎？」

華港傑對華爺爺說。

「是的。其實早在 1969 年人類首次成功登陸月球，就已經開始引發不少香港人對太空科技的興趣。直到 1974 年提出太空館的興建計劃，耗資 6000 萬元的太空館就在這裏建成。」

華爺爺說。

「這是全球第一座電腦化的天文館，天象廳內的電腦化星象儀，能夠透過光學原理，模擬實際的星空環境，將 8000 顆恆星投射到天象廳的半球體螢幕。」

明教授說完，大家下了車。

「啊哈！香港文化中心！我最喜歡在這裏看表演和聽音樂啦！」

華港秀高興地指着車站旁邊的建築羣

說。

「這是香港主要的藝術表演場地之一，1979 年，由當時的香港總督麥理浩主持奠基，1986 年開始興建，1989 年啟用。」

華爺爺說。

「爺爺的記性真好啊！」

馬冬東拍手說。

「是啊，文化中心開幕的時候，當時的英國王儲查理斯王子和戴安娜王妃來香港訪問，就由他們來主持揭幕儀式。自從香港文化中心開幕之後，世界上許多赫赫有名的藝術家和團體都來演出，也培育了不少香港本地的藝術人才。」

明教授說。

這時候，一對打扮得非常漂亮的新

娘、新郎和伴郎、伴娘及其他的一些人，談笑風生地走向文化中心的婚姻註冊署。

華港秀說：「好熱鬧啊！我們也走進大堂去看看好嗎？」

馬冬東立即說：「當然好啦，我也有些餓了，想到裏面的餐廳去醫肚呀！」

華港傑拍拍他的肚皮說：「你這傢伙，真會選擇地方呀！哈哈哈！」

大家也一齊笑起來，向着文化中心的大堂走去。

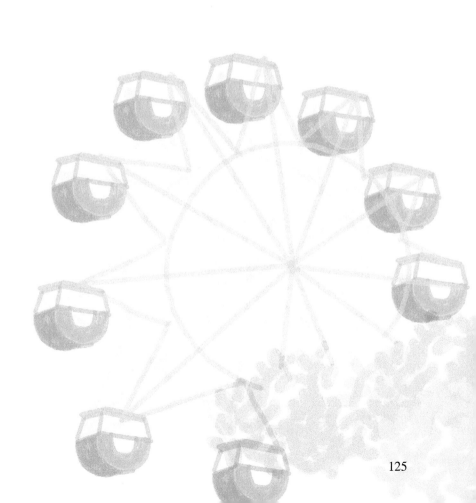

香港古今奇案

問 答 信 箱

奇案1 香港最古老的公園在哪裏？

位於港島中環的香港動植物公園建於 1871 年，是香港最早建立的公園。

最初名為「植物公園」。由於原址曾經用作總督官邸，而當時總督亦是三軍司令，所以不少人稱植物公園為「兵頭花園」，「兵頭」就是港督的俗稱。到了 1975 年才正式易名為今天的名字。

現在公園內的一條行人隧道裝飾成時光隧道，展出了不少舊時動植物公園的照片。

你能根據本章提供的線索，
畫出你最喜歡的遊樂場嗎？

横渡維多利亞港

「哇！海風吹過來，真的是很舒服啊！」

馬冬東坐在天星渡海小輪下層的客艙裏面，伸展着兩臂，對華港傑、華港秀説。

「所以嘛，我們選擇坐下層，是對的，可以無遮無隔地看到維多利亞海峽兩岸的景色，又可以近距離欣賞海浪。」

華港傑説。

「當然了，我也喜歡坐在這裏。」

華港秀説。

「公公，這天星小輪是甚麼時候開始航行的呢？」

馬冬東向坐在一旁的明啟思教授發問。

明教授説：「1898年5月，歷史非常悠久。」

華港傑說:「真的啊,距離現在超過一百年歷史了!是甚麼人創辦的呢?」

坐在他旁邊的華爺爺說:「天星小輪的前身,據說是一位波斯拜火教的教徒米泰華拉,在 1880 年代創辦了一間『九龍渡海小輪公司』,來往尖沙咀與中環。其後亞美尼亞裔商人吉席‧保羅‧遮打爵士(Sir Catchick Paul Chater)買下了所有小輪,到了 1898 年,改名為天星小輪公司。」

明教授說:「在香港沒有過海隧道的年代,天星小輪是主要的渡海公共交通工具。也是外地遊客來香港觀光的首選途徑,曾經被美國旅遊作家協會評為全球十大最精彩渡輪遊首位。」

馬冬東問:「為甚麼這艘船油漆成白和

綠兩種顏色的呢？」

華爺爺説：「這是天星小輪的標誌顏色，分別象徵天與海，上天下海，意味天星小輪將兩者結合在一起了。」

華港傑説：「很有意思啊。香港的第一條海底隧道，是在 1972 年 8 月 2 日通車的，對嗎？」

明教授説：「對。那就是紅磡海底隧道。它是採用沉管的方式建造，由 15 節沉管連接，每一節沉管重 6000 噸，由兩條巨型鋼管組成。而沉管是用 3 分厚鋼板鑄成，每一平方吋可以抵擋 7000 磅水力，而沉管外有七呎厚的混凝土保護。」

華港秀說：「好厲害啊！除了過海隧道之外，後來香港人的過海交通，還有了地下鐵路！方便得多，也快捷得多了。」

華爺爺說：「秀秀講得不錯，香港政府為了解決人口愈來愈多、交通愈來愈繁忙的問題，其實早在 1960 年代就開始研究建造地下鐵路的方案。」

馬冬東問：「這麼早？可是，為甚麼要差不多 20 年以後才建成香港的地下鐵路呢？」

明教授說：「因為要在香港修建地下鐵路，工程龐大，很不簡單。英國的顧問工程公司最早的建議是興建共四條路線的地下鐵路。後來因應各種情況的變化，再不斷地修改方案。」

華爺爺說：「就是這樣，直到 1975 年，香港政府撥出 11.5 億港元，成立全資擁有的地下鐵路公司，並且動工興建地下鐵路系統。先將中環與九龍的主要住宅及工業區連接起來。」

明教授說：「這一條路線，其中有 12.8 公里是在地底下建造的。其餘的 2.8 公里，就是架空路段。全線有 15 個車站，包括 12 個地底車站及三個架空車站。」

馬冬東說：「現在聽起來，也令人覺得很複雜的呢！」

華爺爺說：「香港地下鐵路的施工，確實是困難重重。尤其是在尖沙咀站、旺角站以及油麻地站的路段，阻力最大。所以，在 1979 年 10 月 1 日，觀塘至石硤尾

的路線完成和通車之後，到 1980 年 2 月 12 日，由尖沙咀至中環的路線才正式通車，成為香港第一條的過海鐵路。」

華港傑說：「真不容易的啊！香港地下鐵路近年來也不斷地興建新的路軌和車站，令全香港的交通愈來愈方便，連飛機場也可以和地鐵列車連接起來了。」

華港秀說：「還有我們愛去玩的迪士尼主題公園呢，設有專門的地鐵站，很容易就可以去到了。」

明教授說：「為了提高香港鐵路運輸系統的效率，2007 年 12 月 2 日，香港政府把地鐵與九廣鐵路合併，成為港鐵，這樣，方便乘客轉乘兩鐵列車，就更加方便而有效益了。」

横渡
維多利亞港

第6期

華港傑主持

香港
古今奇案
問答信箱

「慕蓮夫人號」是港督專用的船嗎?

　　於 1953 年購入的慕蓮夫人號(Lady Maurine)是香港總督專用的遊艇,由時任港督葛量洪購入,並用他自己妻子的名字命名。

　　自從購入慕蓮夫人號以後,每當有港督上任履新、英國皇室成員訪問香港時,例如英女皇伊利沙伯二世和查理斯王子伉儷等等,都是於啟德機場乘坐慕蓮夫人號到皇后碼頭登岸的。

奇案2 萬宜水庫是香港最大的水庫嗎？

　　位於西貢的萬宜水庫是香港儲水量最大的水庫，容量達 2.81 億立方米。

　　萬宜水庫是 1970 年代香港耗資最龐大的工務工程，工程計劃由 1969 年展開，1971 年動工，直室 1978 年才完工。建造過程淹沒了不少村落。

　　萬宜水庫範圍亦是全港範圍最廣的郊野公園，是香港勝景之一。

你能根據本章提供的線索，畫出渡海小輪橫渡維多利亞港的畫面嗎？

偵探
案件11

香港有前途

午後的秋陽，分外明媚。

明啟思教授、華偉忠爺爺、馬冬東、華港秀和華港傑，站在香港會議展覽中心新翼寬敞明亮的落地大窗前，香港島和九龍半島兩岸的美麗景色盡收眼底。

「多好看啊！香港的風景真漂亮！」

華港秀讚嘆道。

「當然啦，這裏是東方之珠嘛，美貌是永遠都不會改變的！」

馬冬東十分自豪地說。

「我也覺得，愈是偵探香港古今的歷史奇趣案件，就愈是喜愛我們的這個城市了！比如這一個香港會議展覽中心，建築是多麼宏偉壯觀，又充滿時代氣息。」

華港傑由衷地說。

「嗯，這是香港最重要的地標之一，1997 年 7 月 1 日，英國政府向中國交還香港的交接儀式，就在這裏舉行，見證了香港回歸祖國的重要歷史一刻。」

華爺爺説。

馬冬東説：「可惜那時我們還沒有出世，沒有看到香港回歸祖國的全過程。公公、爺爺，你們可以講一講嗎？」

明教授説：「當然可以。你們雖然沒有見到，但也要清楚地知道這一段歷史。香港回歸，也就是香港主權移交，1997 年 7 月 1 日，中華人民共和國政府對香港，包括香港島、九龍半島和新界恢復行使主權，結束 156 年的英治時代。」

華爺爺説：「我們知道，香港是根據清

朝政府與英國簽訂的《南京條約》、《北京條約》與《展拓香港界址專條》割讓給英國的。中英兩國經過多次談判，1984年12月19日，中國與英國兩國的領導人簽署了《中英聯合聲明》。」

華港傑說：「我在網上看到這個聲明的主要內容，就是自1997年7月1日起，中華人民共和國恢復對香港行使主權，成立香港特別行政區，並且按照《基本法》，實行一國兩制、高度自治、港人治港，並且在50年以內不變。」

馬冬東雀躍地說：「我也知道，香港以特別行政區長官為政府首長，香港永久居民可以申請領取香港特別行政區護照。」

明教授說：「你們能了解這些，都不

錯，聯合聲明簽署之後，到 97 年香港主權移交期間的 12 年，稱為過渡期。」

華爺爺說：「雖然在過渡期間，中、英兩方的爭議不斷，但香港的經濟在 1990 年代中期，有比較理想的發展，市民大都是以樂觀的態度面對即將來臨的主權移交，香港的股票市場，也多次創出歷史高位。」

明教授接着又說：「在這段期間，香港又興建了青馬大橋和大嶼山赤鱲角香港國際機場，同時，中英雙方代表也多次進行談判。1992 年，彭定康（Christopher Patten）上任港督。1996 年，首屆香港特別行政區長官競選，由董建華當選，接受中華人民共和國國務院委任為首任行政長官。」

華爺爺說：「至於英方的告別活動，是從 1997 年 6 月 30 日下午，末代港督彭定康告別港督府開始的，在那裏舉行了降旗儀式。港督彭定康乘坐的專車，由警察電單車開路，離開港督府駛往添馬艦露天廣場。」

明教授說：「彭定康到達以後，英國王儲威爾斯親王查理斯、英國首相貝理雅、前首相戴卓爾夫人及彭定康等人一同出席。當時一直下着滂沱大雨，晚上 7:45 時，英國國旗及港英旗徐徐降下。」

華爺爺說：「緊接着，最重要的歷史時刻到來了。深夜 11:30 時，就在香港會議展覽中心新翼這裏的大禮堂，舉行香港主權交接儀式。」

明教授說：「中國方面由時任國家主席

江澤民、國務院總理李鵬及香港特首董建華為代表，英國方面就由查理斯王儲、首相貝理雅和末代港督彭定康為代表。」

華爺爺説：「就在 7 月 1 日零時即將來臨之際，英國國旗及香港旗在會場右面的旗杆上徐徐降下，同時奏英國國歌，象徵香港英治時期正式結束。零時過後，中國國旗及香港特區區旗在左面的旗杆升起，並奏起中國國歌。」

明教授説：「7 月 1 日那天還舉行了大大小小、各種各樣的慶祝活動。到了晚上，在維多利亞港上空舉行煙花匯演，吸引了不少市民在維多利亞海港兩岸欣賞，而許多慶祝活動，都是以中華白海豚及香港市花洋紫荊為活動標誌的。」

華港秀拍手説：「中華白海豚和洋紫荊，都是美麗的事物，我很喜歡的呀！」

圖說香港大事——1991年至1997年

香港距離交還中國的日子愈來愈近，同時間，一些大型基礎建設亦進行得如火如荼。

1993年，香港正式廢除死刑。其實，香港最後一次執行死刑是在1966年，其後被判刑的死囚，一律自動由英女皇赦免，改判終身監禁。

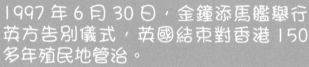

1997年6月30日，金鐘添馬艦舉行英方告別儀式，英國結束對香港150多年殖民地管治。
1997年7月1日，香港主權移交儀式在香港會議展覽中心舉行。

1993年9月17日，颱風貝姬襲港造成1人死亡，130人受傷。

奇趣香港史探案 5
當代時期

編著　　周蜜蜜

插畫　　009

責任編輯　蔡志浩

裝幀設計　明　志　無　言

排版　　時　潔

印務　　劉漢舉

出版　中華書局（香港）有限公司

　　　香港北角英皇道 499 號北角工業大廈 1 樓 B

　　　電話：（852）2137 2338　傳真：（852）2713 8202

　　　電子郵件：info@chunghwabook.com.hk

　　　網址：www.chunghwabook.com.hk

發行　香港聯合書刊物流有限公司

　　　新界荃灣德士古道 220-248 號荃灣工業中心 16 樓

　　　電話：（852）2150 2100　傳真：（852）2407 3062

　　　電子郵件：info@suplogistics.com.hk

印刷　點創意（香港）有限公司

　　　香港葵榮路 40-44 號任合興工業大廈 3 樓 B

版次　2017 年 6 月初版

　　　2023 年 12 月第 2 次印刷

　　　© 2017 2023 中華書局（香港）有限公司

規格　16 開（200mm x 152mm）

國際書號　978-988-8420-44-5